Patricia Sastre Vázquez

Modelos de ecuaciones estructurales

Patricia Sastre Vázquez

Modelos de ecuaciones estructurales

Nociones básicas

Editorial Académica Española

Imprint

Any brand names and product names mentioned in this book are subject to trademark, brand or patent protection and are trademarks or registered trademarks of their respective holders. The use of brand names, product names, common names, trade names, product descriptions etc. even without a particular marking in this work is in no way to be construed to mean that such names may be regarded as unrestricted in respect of trademark and brand protection legislation and could thus be used by anyone.

Cover image: www.ingimage.com

Publisher:
Editorial Académica Española
is a trademark of
International Book Market Service Ltd., member of OmniScriptum Publishing Group
17 Meldrum Street, Beau Bassin 71504, Mauritius

Printed at: see last page
ISBN: 978-620-2-13299-2

MODELOS DE ECUACIONES ESTRUCTURALES

INDICE

CAPITULO 1: MODELOS DE ECUACIONES ESTRUCTURALES

CAPITULO 1

MODELOS DE ECUACIONES ESTRUCTURALES

1. 1. INTRODUCCIÓN

Una de las primeras técnicas utilizadas para estudiar la relaciones entre variables es el análisis de la varianza (Fisher, 1925). En esta técnica se realiza una partición, aislamiento e identificación de las fuentes de la varianza observada. En econometría es usual el uso de ecuaciones simultáneas en las cuales las variables que en una ecuación juegan el papel de exógenas o explicativas, en otras son explicativas. Por su parte biómetras y sociométras han dado el nombre de path-analysis (Wrigth, 1934) a una técnica de descomposición de varianzas y covarianzas en función de los parámetros de un sistema de ecuaciones simultáneas. El uso de modelos para analizar no sólo la varianza de una variable, sino también las covarianzas entre todas las variables, constituye el rudimento y la filosofía de los modelos para el análisis de interdependencia, entre cuyos miembros se cuentan los modelos de ecuaciones estructurales (Batista, Foguet y Martínez Arias, 1989; Martínez Arias, 1999).

De las ciencias del comportamiento surgen el análisis factorial exploratorio (Spearman, 1904) y el análisis factorial confirmatorio (Joreskog, 1969). Ambos modelos formalizan las relaciones entre variables observables (indicadores), y los constructos, variables latentes o factores, en los cuales se centra el interés de la investigación.

Así, los modelos de ecuaciones estructurales (SEM) llevan ya varias décadas en el arsenal estadístico de los científicos. Estas técnicas se deben en buena medida a los esfuerzos de los económetras y los psicómetras, quienes de forma independiente desarrollaron los principios y procedimientos básicos de esta metodología de análisis. Los primeros a través de la regresión múltiple, los segundos mediante los procedimientos de variables latentes. La fusión de ambos esfuerzos ha dado lugar a la metodología de ecuaciones estructurales.

Los modelos estructurales permiten:

1. Abordar los fenómenos teniendo en cuenta las múltiples causas que pueden incidir en ellos, es decir, considerando la globalidad de aspectos que presenta dicho fenómeno.
2. Condensar las relaciones entre un gran número de variables en unos pocos factores, los cuales ponen de manifiesto lo esencial, logrando así un equilibrio entre la interpretabilidad y la simplicidad de la descripción del fenómeno.
3. Especificar el modelo, ya que el investigador, en base a su criterio, los conocimientos que posee sobre el tema, o su propia teoría, establece un primer modelo, el cual irá modificando de forma flexible según su ajuste a los datos y su coherencia con la teoría de partida.
4. Eliminar el efecto de error de medida de las relaciones entre las variables. Se admite entonces que los fenómenos reales y los fenómenos medidos son realidades distintas. Foguet y Gallart (2000) sostienen que la práctica habitual, que no reconoce esta distinción, sigue la peligrosa estrategia de hacer cálculos en el mundo de las mediciones para luego extraer las conclusiones en el mundo real. Por el contrario, al aceptar el error de medida como inherente al estudio, éste se introduce como una parte de la especificación del modelo, y de esta forma es posible cuantificar la calidad de la medición de los datos. Este planteamiento requiere disponer de medidas repetidas o de mediciones de distintas variables indicadoras de la misma variable latente.

El análisis factorial, en su versión exploratoria o confirmatoria, permite descubrir un número relativamente pequeño de factores o variables latentes a partir de la covariación de un número mayor de variables observadas. En este sentido se asume que se puede explicar cada variable observada con una combinación lineal de las variables latentes y del error de medida.

Las diferencias entre el análisis factorial confirmatorio y exploratorio son inmediatas y se ilustran en las Figuras 1a y 1b, donde se representan un posible modelo según ambas perspectivas. Partiendo de dichas figuras, se puede decir que las diferencias más importantes entre ambos enfoques se centran en que el *análisis factorial exploratorio* (AFE) asume a un nivel estructural que:

1. Todos los factores comunes están correlacionados entre sí (rotaciones oblicuas) o todos están incorrelacionados entre sí (rotaciones ortogonales).
2. Todas las variables observadas están directamente afectadas por todos los factores comunes.
3. Los términos de error están incorrelados entre sí.
4. Todas las variables observadas están afectadas por un término de error.
5. Todos los factores comunes están incorrelacionados con los términos de error.

Por su parte, el *análisis factorial confirmatorio* (AFC) supone, a un nivel estructural, que:

1. Los factores comunes pueden o no estar correlacionados.
2. No todas las variables observadas están afectadas por todos los factores comunes.
3. No todas las variables observadas tienen necesariamente un término de error.
4. Los términos de error pueden estar correlacionados (especialmente relevante, por ejemplo, para estudios de medidas repetidas).

Desde otra perspectiva, Marsh (1987) establece otras diferencias entre ambos enfoques analíticos. Así, el AFE es incapaz de: 1) comprobar la habilidad de la solución para ajustarse a los datos; 2) comparar diferentes soluciones alternativas, y 3) limita al investigador, dado que tiene un escaso poder sobre la estructura. Por contra, el AFC permite: 1) definir una estructura hipotética; 2) determinar una estimación única de los parámetros del modelo; 3) examinar la habilidad del mismo para ajustarse a los datos y 4) comparar un modelo frente a otros alternativos. Sin embargo, no hay que olvidar que el AFC es una extensión lógica del AFE y de ahí sus ventajas.

A un nivel práctico, estas diferencias se materializan en que el análisis factorial exploratorio permite generar hipótesis sobre las variables subyacentes a los datos, mientras que el confirmatorio permitiría comprobar o confirmar esas hipótesis (aunque también puede ser usado con fines exploratorios, por ejemplo, modificando un modelo previo). Igualmente, estas características se traducen en que el confirmatorio es mucho más restrictivo a la hora de definir los modelos explicativos de los datos, pero mucho más flexible a la hora de informar sobre qué modelo es más adecuado o qué aspectos de estos modelos son relevantes o no.

Figuras 1a y 1b: Análisis factorial exploratorio y análisis factorial confirmatotio

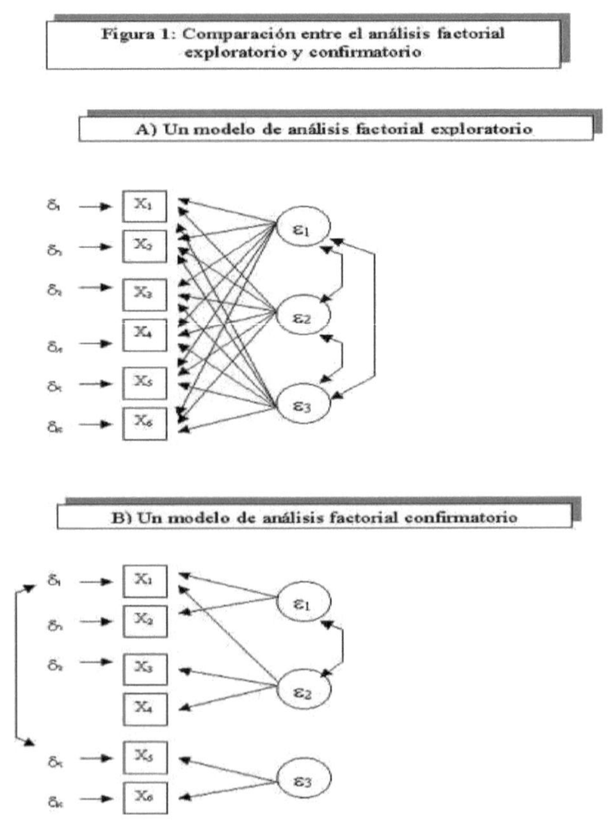

Hay que destacar que los modelos de ecuaciones constituyen una herramienta muy potente para el estudio de las relaciones de covariación, sobre todo para datos no experimentales, cuando estas relaciones son de tipo lineal. Pero esto modelos nunca prueban la causalidad, sólo ayudan a seleccionar entre las hipótesis de efectos relevantes, desechando aquellas no soportadas por la evidencia empírica. Este es el principio de falsación (Popper, 1969) que corresponde a lo que la lógica proposicional conoce como *"modus tollens":* una hipótesis se rechaza si en la realidad no se observa la consecuencia que se derivaría de ella. Así, un modelo puede ser estadísticamente rechazado si se contradicen con los datos, es decir con las covarianzas o correlaciones entre variables. Por el contrario, las teorías no puede ser confirmadas estadísticamente.

Sin embargo, entre los problemas que aquejan esta metodología de análisis se encuentra la selección de los índices de ajuste. Es decir, en qué medida los índices de ajuste son idóneos. Es por ello que en este trabajo se recurre finalmente a los índices más usados en la literatura, con independencia de los problemas que estos planteen. El lector interesado en esta problemática puede remitirse a Bollen y Long (1993).

1. 2. CORRELACIÓN Y CAUSALIDAD

Inferir una conexión causal a partir de la correlación es un error, ya que la ocurrencia simultánea de dos sucesos, o su acontecer secuencial, no implica la existencia de un nexo causal entre ellos. La covariación define un tipo de relación simétrica entre las variables, es decir, si la variable v_1 se correlaciona en forma positiva o negativa con la variable v_2, entonces v_2 se relaciona positiva o negativamente con v_1. En cambio, la relación de causalidad es asimétrica, ya que el hecho que v_1 sea causa de v_2 no implica necesariamente que v_2 sea causa de v_1. Para inferir que v_1 es causa de v_2 se exige que además de la correlación, exista una dirección del efecto, y además, un aislamiento de otras causas posibles.

Respecto a la dirección, en la investigación experimental se manipulan los valores de la variable v_1 logrando de este modo que deje de ser aleatoria. La única variable que varía libremente es v_2, con lo cual puede descartarse que la correlación se deba a un efecto de v_2 sobre v_1. En lo que se refiere al aislamiento, éste se logra por medio del control experimental, el cual consiste en mantener fija cualquier otra causa potencial de variación en v_2. Cuando esto no es posible se recurre a la aleatorización.

En el caso de la investigación no experimental, se usa el llamado control estadístico, el cual requiere incluir en el análisis explícitamente las variables que se sospecha, por aplicación de un modelo teórico o por elaboración, por parte del investigador, de un modelo coherente, influyen sobre v_2 y asumir que las variables omitidas, o bien no tienen relación con v_2, o bien no tiene relación con las variables incluidas. Este último supuesto se conoce como de *pseudo aislamiento* y se formaliza como incorrelación entre el término de perturbación y todas las variables explicativas incluidas en el modelo.

1. 2.1. TIPOS DE RELACIONES ESTRUCTURALES

Existen diversos tipos de relaciones que pueden conducir a la covarianza entre dos variables, v_1 y v_2. Entre estas relaciones se pueden citar las siguientes:

1. **Relación directa**: cuando una de las dos variables es causa de la otra. Esto implica asumir el modelo de regresión de la segunda variable sobre la primera (Ver Figura 2)

Figura 2: Relación estructural directa

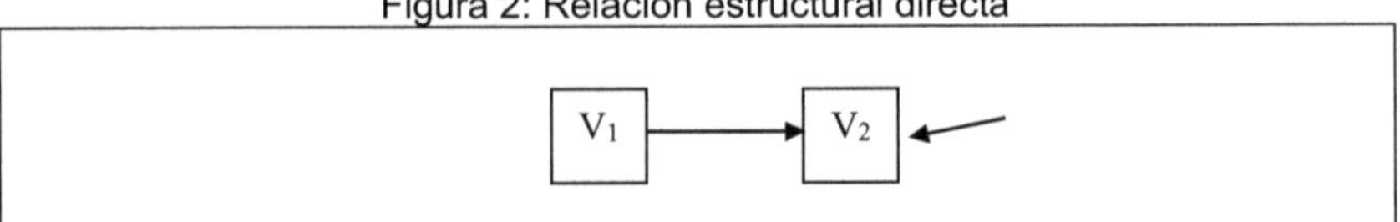

2. **Relación recíproca**: cuando la variable v_1 es causa de la variable v_2, y además, ocurre lo inverso, es decir v_2 es causa de v_1 (Ver Figura3).

Figura 3: Relación estructural recíproca

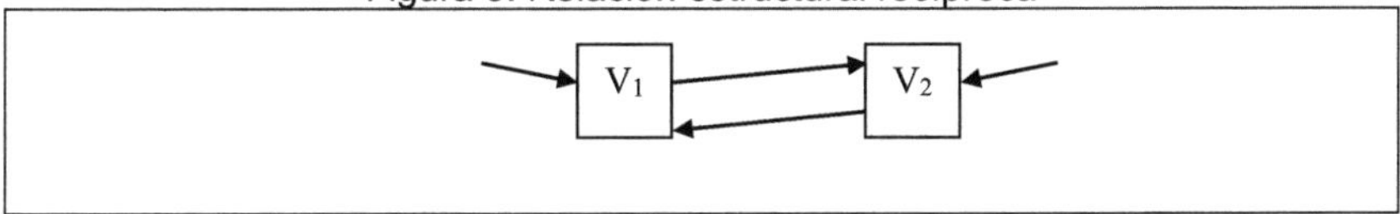

3. **Relación espuria**: cuando las variables v_i y v_2 covarian, y ambas tienen como causa común una tercera variable v_3 (Ver Figura 4).

Figura 4: Relación estructural espuria.

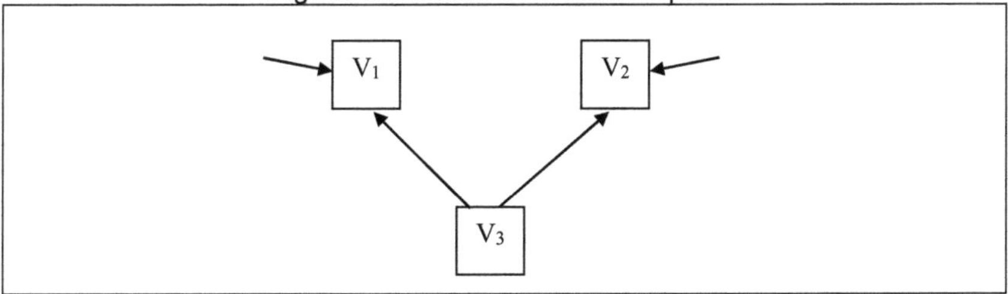

4. **Relación indirecta**: cuando v_1 y v_2 varían porque ambas están relacionadas a través de una tercera variable v_3 (Ver Figura 5).

Figura 5: Relación estructural indirecta.

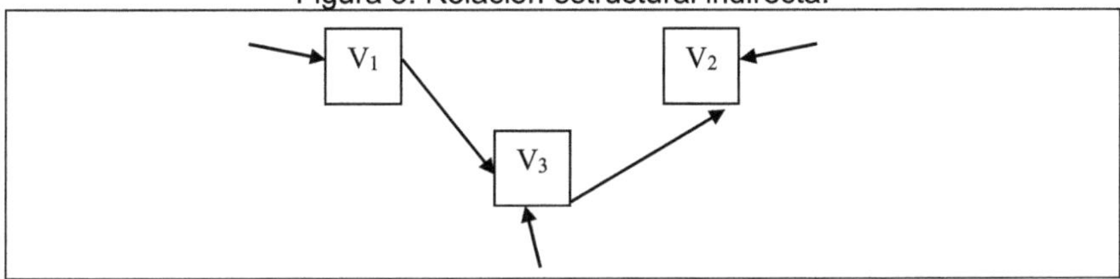

5. **Efecto conjunto**: es otra forma de covaración entre dos variables el cual se ilustra en la figura siguiente. En este caso no se especifica que tipo de relación existe entre las variables y se deja la covariación entre ambas como no explicada. Aquí no es posible discernir si la

variable v_3 contribuye a la variación entre v_1 y v_2 por vía indirecta o espúrea (Ver Figura 6).

Figura 6: Relación estructural conjunta.

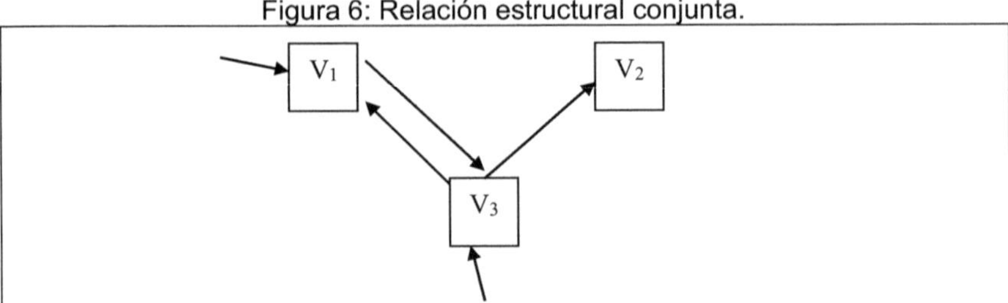

1.2.2. TIPOS DE VARIABLES

En un modelo de covarianzas existen varios tipos de variables, los cuales se resumen de la siguiente forma:

1. **Variables latentes**, son las que no se pueden observar directamente, son constructos hipotéticos.
2. **Variables observadas**, sirven como indicadores de las latentes y suelen derivarse de la aplicación de algún instrumento de medida.
3. **Variables endógenas**, son variables dependientes que son explicadas por otras variables del modelo.
4. **Variables exógenas**, son variables independientes que no están explicadas por otras variables incluidas en el modelo y su variabilidad se atribuye a causas externas al mismo.

Para designar las diferentes variables de los modelos se utiliza, en el programa estadístico LISREL, la siguiente convención:

Variable	**Tipo**	**N otación**
Latente exógena	independiente	ξ
Latente endógena	dependiente	η
Observable exógena	independiente	X

Observable endógena	dependiente	Y

1. 2.3. REPRESENTACIÓN GRÁFICA UN SEM

Cuando los sistemas de ecuaciones para representar teorías se complican debido a la necesidad de introducir muchas relaciones entre las variables, suele utilizarse la representación visual de las teorías en diagramas se efectos o *path análisis* (DuNcan, 1975). Así, para representar el proceso se utilizan grafos, atendiendo a ciertas convenciones que los hacen más acordes con las ecuaciones. Estas convenciones pueden resumirse del siguiente modo:

1. Las variables observables se enmarcan en cuadrados, y las variables latentes o factores en círculos.
2. La relación entre dos variables se indica por una flecha cuyo sentido es desde la variable causa hacia la variable efecto.
3. Cada flecha está afectada por un parámetro o coeficiente (path) que indica la magnitud del efecto entre ambas variables. Si entre dos variables no existe una flecha, esto indica que ese efecto es nulo.
4. Las variables a las cuales llega una flecha se llaman *endógenas*, y aquellas a las cuales no llega ninguna flecha se las llama *exógenas.*
5. Las variables endógenas están afectadas por un término de perturbación aleatorio que se incluye en el diagrama como una flecha adicional apuntando hacia la variable endógena.
6. La covarianza entre dos variables exógenas, o dos términos de perturbación sin interpretación causal, se representa por una flecha bidireccional que las une en ambos sentidos. El parámetro asociado a la flecha indica dicha covarianza.
7. Las relaciones y covarianzas mencionadas anteriormente se aplican también a las relaciones entre variables latentes.
8. La llamadas relaciones de medición conectan las variables observables con las latentes, con flechas unidireccionales con origen en las latentes.

9. Las observaciones están afectadas por un término de error aleatorio de medición, el cual se incluye en el diagrama como una flecha adicional apuntando a la variable observable.
10. La covarianza entre dos errores de medición se representa mediante una flecha bidireccional que los une en ambos sentidos.

1. 2.4. REGLAS DE DESCOMPOSICIÓN

Una vez que se han establecido las posibles fuentes de covariación es necesario determinar la relación que existe entre los parámetros y las covarianzas entre las variables del diagrama de paso. Esto se hace con las llamadas reglas de descomposición.

Las varianzas y covarianzas que se refieren únicamente a variables exógenas constituyen por sí mismas parámetros del modelo. Las reglas de descomposición para derivar las restantes varianzas y covarianzas son las siguientes:

1) La covarianza (coeficiente correlación) entre dos variables es igual a las sumas del efecto directo, los efectos indirectos, espúreos y conjuntos. El efecto se calcula como el producto de la varianza de la variable de partida (o covarianza de partida en su caso) por todos los parámetros asociados a las flechas recorridas hasta llegar a unir las dos variables de interés. Al calcular un efecto no se puede pasar sobre una misma variable más de una vez.
2) La varianza de una variable dependiente (endógena) es igual a la varianza del término de perturbación, más la varianza explicada por las otras variables del modelo (es decir la suma de la varianza explicada y la varianza no explicada). Esta varianza explicada puede a su vez expresarse en función de todas las variables explicativas con efecto directo sobre la dependiente, como la suma de todos los productos entre estos

efectos directos y las covarianzas entre la variable dependiente y la explicativa relacionadas por dichos efectos.

Utilizando estas dos reglas de descomposición se obtiene un *sistema de ecuaciones estructurales*, que expresan cada elemento de la matriz de covarianzas, Σ, en función de los parámetros del modelo, π. Este sistema se suele representar como:

$$\Sigma = \Sigma(\pi)$$

Estas reglas de descomposición resultan inoperantes para modelos muy complejos. En particular, no está claro cómo pueden aplicarse en el caso de relaciones recíprocas. Sin embargo existen métodos alternativos basados en el álgebra de varianzas y covarianzas, aunque ellos no será tratados en este trabajo.

1.2.5. TIPOS DE MODELOS DE COVARIANZA

Bisquerra (1989) clasifica a los modelos causales del siguiente modo:

- Modelos causales
  - Recursivos
    - Saturados
    - No saturados
  - No recursivos

Los modelos recursivos son aquellos que no presentan efectos recíprocos, es decir los efectos sobre variables endógenas van en una dirección. Por su parte los modelos no recursivos son aquellos en cuales aparecen efectos recíprocos. Un modelo recursivo está saturado cuando en él se han introducido todos los efectos posibles que no sean recíprocos. Un modelo no saturado es aquel en el cual no se han introducido todos los efectos posibles.

1.3. ETAPAS EN EL ANÁLISIS DE COVARIANZA

Mediante la técnica de los modelos de covarianza se pretende reproducir una matriz de varianzas-covarianzs Σ lo más próxima a la matriz original S. Cuando esto se produce, se dice que la estructura hipotetizada, bajo cuyas correlaciones fueron generadas, se ajusta o es consistente con el patrón de intercorrelaciones entre las variables. Por lo tanto, la habilidad de un modelo hipotetizado en reproducir la matriz de correlaciones R juega un papel primordial en la valoración de la validez del modelo. En el análisisde covarianzas, se suelen producir las siguientes etapas, cuyo objetivo es pasar de una teoría expresada verbalmente a un modelo matemático: 1) Especificación, 2) Identificación, 3) Estimación y 4) Evaluación. Todas ellas serán tratadas en los apartados que siguen.

1.3. 1. ESPECIFICACIÓN DEL MODELO

La especificación del modelo consiste en la determinación de un conjunto de supuestos sobre el comportamiento de las variables involucradas. En esta etapa pueden distinguirse dos partes: una primera parte *sustantiva*, la cual requiere traducir teorías verbales, representadas previamente en un path análisis, en un conjunto de ecuaciones; y una segunda parte *estadística*, imprescindible para realizar las estimaciones y contrastes del modelo, la cual contiene los supuestos sobre la distribución de las variables involucradas.

La primera parte de esta etapa de especificación concierne mas al conocimiento teórico que se tiene del fenómeno. En esta parte, el objetivo es traducir las teorías verbales a ecuaciones que se refieren a:

1. Variables latentes o dimensiones a considerar.
2. Efectos entre variables latentes y su tipo, es decir: directo, indirecto, conjunto o espúreo.
3. Indicadores asignados a cada dimensión.

4. Covarianzas entre variables.

En cuanto a la segunda parte de la especificación en ella se deben establecer los supuestos estadísticos que se realizan sobre:

1. Fuentes de variación y, en concreto, sobre la forma de su función de distribución conjunta.
2. El comportamiento de las variables consideradas cuyo efecto se recoge en los términos de error de medida o perturbación. Se asume que o bien no se han omitido dimensiones relevantes, o bien que si éste no fuera el caso, dichas dimensiones están incorreladas con cualquiera de las dimensiones incluidas u omitidas.
3. La correlación entre determinados pares de términos de perturbación o términos de error de medida.

1. 3.2. SUPUESTOS ESTADÍSTICOS

Con la finalidad de simplificar la exposición, en este apartado se emplea una notación común para todas las variables prescindiendo de su carácter de endógeno o exógeno.

1. 3.2.1. RELACIONES ENTRE FACTORES

Los modelos de ecuaciones estructurales asumen la existencia de relaciones lineales entre los factores, la cuales pueden ser expresadas mediante un sistema de ecuaciones simultáneas del tipo:

$$F_1 = \beta_{12}F_2 + \beta_{13}F_3 + \beta_{14}F_4 + ... + \beta_{1(m-1)}F_{(m-1)} + \beta_{1m}F_m + d_1$$

$$F_2 = \beta_{21}F_1 + \beta_{23}F_3 + \beta_{24}F_4 + ... + \beta_{2(m-1)}F_{(m-1)} + \beta_{2m}F_m + d_2 \qquad (7.1)$$

....

$$F_m = \beta_{m1}F_1 + \beta_{m2}F_2 + \beta_{m3}F_3 + \beta_{m4}F_4 + ... + \beta_{m(m-1)}F_{(m-1)} + d_m$$

donde el correspondiente coeficiente de regresión se expresa por β_{IJ}, siendo el orden de los subíndices el correspondiente a los factores explicado F_i, y explicativo, F_j, respectivamente. Algunos de estos coeficientes deben fijarse o restringirse para permitir la identificación del modelo, lo cual se trata en el apartado (7.3.2). El supuesto utilizado en econometría, *E(d$_i$)=0* (para todo *i*), además de la linealidad, implica otorgar un efecto insignificante de las variables omitidas que pudiera influir en cada variable endógena. Es decir, se consideran cancelados los efectos no incluidos por considerarlos despreciables, o aleatorios.

El sistema de ecuaciones planteado en (7.1) se encuentra asociado a los siguientes parámetros adicionales del modelo:

1) Las varianzas ϕ_{ii} y las covarianzas ϕ_{ij} de los factores exógenos
2) Las varianzas ψ_{ii} de las perturbaciones de los factores endógenos
3) Las coravarianzas ψ_{ij} entre las perturbaciones de los factores endógenos.

Los parámetros referidos en los puntos 1) y 2) suelen considerarse como parámetros libres, los cuales deben ser estimados. Los parámetros del punto 3) suelen fijarse en cero, ya que de considerar a éstos como libres, se estaría reconociendo que el modelo omite factores comunes a ambos factores endógenos implicados, y en algunos casos se llegaría a un modelo no identificado.

En el caso particular de los modelos de análisis factorial confirmatorio (Joreskog, 1969; Batista, Foguet y Coenders, 1998), todos los factores se consideran exógenos, con lo que no es necesario formular el sistema de ecuaciones de (7.1), ni se deben especificar los parámetros del tipo: β_{ij}, ψ_{ij}.

1. 3.2.2. RELACIONES ENTRE FACTORES E INDICADORES

En general, los factores no se pueden medir directamente sin error, por lo tanto se especifican nuevas ecuaciones en las cuales las variables latentes aparecen como causas de las observables. Así, si se asume nuevamente que indicadores y factores latentes están relacionados linealmente, se pueden formular las relaciones de medida, las cuales se expresan mediante un sistema de ecuaciones factoriales del siguiente tipo:

$$v_1 = \lambda_{11}F_1 + \lambda_{12}F_2 + ... + \lambda_{1m}F_m + e_1$$

$$v_2 = \lambda_{21}F_1 + \lambda_{22}F_2 + ... + \lambda_{2m}F_m + e_2 \qquad (7.2)$$

$$v_k = \lambda_{k1}F_1 + \lambda_{k2}F_2 + ... + \lambda_{km}F_m + e_k$$

donde el coeficiente de regresión, saturación, entre el factor F_j y la variable observable v_i se expresa mediante λ_{ij}. También los coeficientes λ_{ij} deben restringirse a fin de permitir la identificación del modelo. Así es necesaria sólo una saturación distinta de cero por cada variable, y una saturación igual a la unidad para cada factor con la finalidad de fijar su escala.

El supuesto usual de la psicometría, *E(e)=0*, para todo error de medida, además de la linealidad representa la cancelación de otros efectos, los cuales se consideran aleatorios, lo cual implica la validez de la medición. Los parámetros adicionales relacionados con el sistema de ecuaciones presentado en (7.2), son los siguientes:

1) Las varianzas θ_{ii} de los errores de medición, los cuales suelen considerarse libres.
2) Las covarianzas θ_{ij} entre dos errores de medición: suelen considerarse fijos, ya que considerarlos libres implica el reconocimiento que el modelo omite factores comunes a ambos

indicadores, y en algunos casos conduce a modelos no identificados.

1. 3.2.3. PSUEDO AISLAMIENTO

Un supuesto adicional que se realiza para los factores es el siguiente:

$$Cov(F_j, d_i) = 0$$

para cualquiera que sea la combinación de factores exógenos y término de perturbación.

Este supuesto es realista sólo en el caso en que no se hayan omitido, en las ecuaciones, variables relevantes. Si se han omitido variables, no parece verosímil que las variables explicativas omitidas no covaríen con los factores. El incumplimiento de este supuesto, como todos los errores de especificación, tiende a producir sesgos en las estimaciones.

Asociado a las ecuaciones de medida, se establece un supuesto análogo al anterior: $Cov(F_j, e_i) = 0$ para todas las combinaciones de factores exógenos y términos de error. Finalmente, también se asume que: $Cov(e_j, d_i) = 0$, o sea, que las perturbaciones y los errores de medidas no están correlacionados.

1. 3.2.4. DISTRIBUCIÓN DE LAS FUENTES DE VARIACIÓN

Se asume que la distribución de las fuentes de variación, factores exógenos, términos de perturbación y errores de medida, es normal multivariante. El incumplimiento de este supuesto no produce sesgos en las estimaciones, pero sí puede afectar la eficiencia de las mismas, y afectar los contrastes de hipótesis.

1. 3. 3. IDENTIFICACIÓN DEL MODELO

La identificación del modelo es el estudio de las condiciones para una solución única de los parámetros. En función del número de incógnitas que aparecen en un modelo, se pueden producir varias situaciones diferentes:

1. Que el modelo esté perfectamente *identificado*, existe el mismo número de incógnitas que ecuaciones, por lo que el sistema sólo tiene una solución.
2. Que el modelo esté *supraidentificado*, existen más ecuaciones que incógnitas, por lo que es posible más de una solución.
3. Que el modelo este *infraidentificado*, existen más incógnitas que ecuaciones, por lo que el sistema de ecuaciones no tiene solución.

Una condición necesaria para la identificación es que los grados de libertad deben ser iguales o superiores a cero ($\nu \geq 0$). Los grados de libertad se definen por la diferencia entre el número de ecuaciones (e) y el número de parámetros estructurales (π), de forma que:

$$\nu = e - \pi$$

El número de ecuaciones (e) del modelo viene definido por:

$$e = \frac{V(V+1)}{2}$$

donde V es el número de variables observadas, tanto exógenas como endógenas.

Pero un modelo que cumple la condición necesaria no está necesariamente identificado. Puede darse una serie de casos que Bisquerra (1989) resume del siguiente modo:

1. El modelo de regresión, que consiste en una sola ecuación, está siempre identificado.
2. Los modelos recursivos no saturados habituales, que tienen ecuaciones simultáneas sin efectos recíprocos, están siempre identificados.
3. Los modelos recursivos saturados tienen *v=0*. Esto significa que estos modelos están exactamente identificados por una sola solución.
4. Los modelos no recursivos, que contienen ecuaciones simultáneas con efectos recíprocos, no quedan identificados si las mismas variables endógenas están afectadas por el mismo conjunto de variables.
5. Los modelos con efectos de *X* sobre *Y*, y con covarianza $\sigma_{\zeta_i X_j} \neq 0$ quedan definitivamente sin identificar.

En resumen, la identificación de los modelos recursivos está asegurada cuando se han introducido todas las causas comunes importantes. En los modelos no recursivos la situación es más complicada (Duncan, 1975; Blalock, 1962).

1.3.4. ESTIMACIÓN DE PARÁMETROS.

Cuando un modelo está identificado se estiman los parámetros estructurales de las ecuaciones, coeficientes que representan las relaciones entre variables. En la etapa de estimación se desean obtener aquellos valores, $\mathbf{p}$, de los parámetros, $\boldsymbol{\pi}$, que ajusten lo mejor posible la matriz de varianzas y covarianzas muestral, ***S***, por la que ellos reproducen $\boldsymbol{\Sigma}(\mathbf{p})$. La expresión genérica que se minimiza durante la etapa de estimación es del siguiente tipo:

$$\mathbf{F} = (\mathbf{S} - \boldsymbol{\Sigma}(\mathbf{p}))^{\mathrm{T}}\, \mathbf{W}\, (\mathbf{S} - \boldsymbol{\Sigma}(\mathbf{p}))$$

en la cual $(\mathbf{S} - \boldsymbol{\Sigma}(\mathbf{p}))$ representa la matriz de los residuos y ***W*** es la matriz de pesos. En el caso más sencillo, la matriz ***W*** coincide con la matriz identidad. Si $W = \Gamma^{-1}$, donde Γ es la matriz de varianzas y covarianzas en el muestreo de los elementos de ***S,*** los estimadores son asintóticamente eficientes. Esta matriz juega el papel de relativizar los tamaños de los residuos según la escala de las variables observables y la precisión con que el residuo está estimado. De este modo, un residuo pequeño sobre una covarianza estimada con mucha precisión, con poca variabilidad en el muestreo, que relaciona dos variables cuya varianza es pequeña, puede tener una gran contribución en el cálculo de las estimaciones.

Bajo normalidad multivariante $\mathbf{\Gamma} = \mathbf{\Sigma} \otimes \mathbf{\Sigma}$, donde $\otimes$ representa el producto de Kroneker y Σ es la matriz de covarianzas poblacional, que en la práctica se estima a partir de ***S*** o $\mathbf{\Sigma(p)}$. En ausencia de normalidad multivariante se toma $\mathbf{\Gamma} = \mathbf{H}$, donde **H** es una función de los momentos de cuarto orden de las variables observables. Los métodos de estimación más habituales son los siguientes:

1. Mínimos cuadrados no ponderados (LS, llamado ULS en el programa LISREL) con **W=I**.
2. Mínimos cuadrados ponderados bajo normalidad (NT-WLS, llamado GLS en LISREL), con $\mathbf{W} = (\mathbf{S} \otimes \mathbf{S})^{-1}$, el cual produce estimadores asintóticamente eficientes bajo normalidad multivariante.
3. Máxima verosimilitud (ML), con $\mathbf{W} = (\mathbf{S(p)} \otimes \mathbf{\Sigma(p)})^{-1}$, el cual produce estimadores asintóticamente eficientes bajo normalidad multivariante.
4. Método asintóticamente libre de distribución (ADF, llamado WLS en LISREL) con $\mathbf{W} = \mathbf{H}^{-1}$, que lo hace asintóticamente eficiente para cualquier distribución de las variables observables.

El método ADF se debe a Browne (1984a), y a pesar de su aparente superioridad técnica, es impracticable para modelos que contienen muchas variables, más de 10, o muestras de tamaños moderados, N<100, porque la matriz inversa $\mathbf{H}^{-1}$ tiende a ser inestable en estos casos (Satorrra, 1990). En el caso de los métodos LS, NT-WLS y ML, tamaños de muestra entre 200 y 500 suelen ser suficientes, aunque el tamaño de la muestra requerido depende en último término del modelo y pueden encontrarse casos en los que tamaños de muestra inferiores al centenar son suficientes, o tamaños superior al millar no lo sean. En general, el tamaño de muestra debe ser mayor cuanto menor sean los porcentajes de varianza explicada, mayor sea la multicolinealidad, menor sea el número de indicadores por factor y mayor sea el número total de variables y parámetros.

1. 3.5. AJUSTE DEL MODELO

Una vez estimados los parámetros, se comprueba la bondad de ajuste del modelo, lo cual consiste en comprobar si el modelo se ajusta a los datos observados. Los criterios más utilizados como bondad de ajuste son: Ji cuadrado (χ^2), índice de bondad de ajuste (GFI), índice ajustado (AGFI) y raíz cuadrada media residual (RMSR). Estos criterios están basados en diferencias entre la matriz de correlaciones o covarianzas observadas (**S**) y la matriz reproducida por el modelo (Σ).

1. 3.5.1. JI-CUADRADO (χ^2)

Un valor χ^2 significativo en relación a los grados de libertad, indica que las matrices observadas y estimadas difieren. La significación estadística indica que la probabilidad de esa diferencia es debida a la variación muestral. Un valor χ^2 no significativo, indica que las dos matrices no son significativamente diferentes, es decir, indica que los datos se ajustan al modelo, pero siempre pueden existir otros modelos posibles que se ajusten a los datos.

Hay que tener en cuenta que el χ^2 es sensible al tamaño de la muestra, en la medida en que aumenta el tamaño de la muestra (generalmente por encima de 200), el test χ^2 tiene una tendencia a indicar un nivel de probabilidad significativo. Por el contrario, a media que disminuye el tamaño de la muestra (generalmente por debajo de 100), el test χ^2 indica niveles de probabilidad no significativa. El test χ^2 también es sensible a la normalidad multivariada de las variables observadas.

Las tres aproximaciones más utilizadas en el cálculo de χ^2, en modelos de variables latentes, son: máxima verosimilitud (ML), mínimos cuadrados generalizados, (GLS) y mínimos cuadrados estandarizados (ULS). Los estadísticos χ^2 según las diferentes aproximaciones son:

$$\chi^2 = (n-1)F_{ML}$$

$$\chi^2 = (n-1)F_{GLS}$$

$$\chi^2 = (n-1)F_{ULS}$$

donde:

$$F_{ML} = tr(S\Sigma^{-1}) - (p+q) + \ln|\Sigma| - \ln|S|$$

$$F_{GLS} = 0.5tr\left[(S-\Sigma)S^{-1}\right]^2$$

$$F_{ULS} = 0.5tr\left[(S-\Sigma)^2\right]$$

$$g.l. = 0.5(p+q)(p+q+1) - t$$

siendo:

t = número total de parámetros independientes estimados

n = número de observaciones

(*p* + *q*) = número de variables analizadas

tr = traza

1. 3.6. DIAGNÓSTICO DE LA BONDAD DE AJUSTE

McCallum *et al.* (1993) puntualizan que es conveniente que el investigador sea consciente de que muchos modelos ajustan a los datos razonablemente bien, lo que no permite dilucidar cuál de los modelos alternativos proporciona la correcta explicación de los mismos. La distinción entre todos estos modelos sólo puede hacerse a partir de criterios sustantivos extra estadísticos, pero afortunadamente muchos de estos modelos no tendrán ningún sentido teórico y pueden así descartarse.

Durante esta etapa de la modelización no será posible establecer que un modelo es correcto, sino a lo sumo, se podrá declarar que se es incapaz de demostrar que el modelo es incorrecto, es decir la máxima aspiración consiste en maximizar la probabilidad de detectar los modelos incorrectos.

Si los supuestos sobre la distribución de las fuentes de variación se cumplen, el modelo es correcto y la muestra lo suficientemente grande, entonces existe una transformación del mínimo de la función de ajuste, llamada estadístico χ^2 de bondad de ajuste, el cual sigue una distribución Ji-Cuadrado, con los mismos grados de libertad, *g*, que los del modelo. Este estadístico permite contrastar la hipótesis nula de que el modelo es correcto. Así, valores altos del estadístico χ^2 en comparación con *g*, esperanza de la distribución Ji-Cuadrado con *g* grados de libertad, indican un ajuste pobre.

Es de hacer notar que en esta prueba se utiliza una estrategia opuesta a la estipulada, por ejemplo, en un modelo de regresión. En la regresión, la hipótesis nula de la prueba F de significación global del modelo es la ausencia de relación entre las variables dependientes y las explicativas, y sin embargo en el caso de los modelos de ecuaciones estructurales la hipótesis nula postula que el modelo es correcto. La prueba F, de la regresión, está basada en el principio de parquedad e intenta determinar si las variables explicativas propuestas son necesarias para explicar el comportamiento de la variable dependiente. Por su parte el objetivo de la prueba χ^2, no consiste en detectar posibles parámetros o variables a omitir, sino justamente lo contrario: detectar parámetros que deban añadirse. Este diferente enfoque de la prueba χ^2 conduce a que la potencia de la prueba deba interpretarse como la probabilidad de detectar errores de especificación, sin que ello implique considerar la parquedad como un criterio secundario.

Los índices globales descriptivos más simples consideran el tamaño global de los residuos de la matriz $(\mathbf{S}-\boldsymbol{\Sigma}(\mathbf{p}))$. En general, se acostumbra a utilizar los residuos estandarizados. Una manera de sintetizar los residuos estandarizados es calcular la *raíz del residuo estandarizado medio (SRMR)*. Este estadístico no penaliza a los modelos poco parcos, pero pese a esta limitación, por su sencillez se utiliza mucho. Se entiende que su valor debe estar por debajo de 0.05, pero, por supuesto el investigador debe utilizar este criterio con la suficiente flexibilidad atendiendo a la parquedad del modelo.

Otros índices de bondad de ajuste globales son los *índices de ajuste incremental* (Bentler, 1990), los cuales comparan el estadístico χ^2 del modelo en cuestión con el de otro modelo más restrictivo, modelo base. Estos índices suelen estar acotados entre 0 y 1, representando este último valor el ajuste perfecto, lo que simplifica su interpretación y permiten incluso comparar modelos que analicen distintos datos o incluyan diferentes variables. El principal inconveniente que presentan estos índices es que su valor depende del modelo base seleccionado. En general, se toma como modelo base el modelo de independencia, que no restringe las varianzas de las variables, pero asume que todas las covarianzas son nulas. El estadístico χ^2 del modelo base suele tomar valores elevados, lo cual implica, a veces, que los estadísticos del ajuste incremental tomen valores próximos a la unidad, conduciendo así a una visión excesivamente optimista del ajuste del modelo. Por esta razón, en general, se exige que estos índices tomen valores superiores a 0.95 para poder referirse a un buen ajuste del modelo. Existe un gran número de este tipo de índices, algunos de los cuales se citan a continuación.

1. 3.6.1. ÍNDICE DE AJUSTE NORMADO

El índice de ajuste normado (NFI), desarrollado por Bentler y Bonnet (1980), es el más sencillo entre los índices de ajuste incremental. Evalúa la disminución del estadístico χ^2 del modelo en cuestión, con respecto al modelo base. Se expresa del siguiente modo:

$$NFI = \frac{\chi_b^2 - \chi^2}{\chi_b^2}$$

donde χ^2 y χ_b^2 son los estadísticos Ji-Cuadrado del modelo en cuestión y el modelo base, respectivamente. El NFI toma valor 0 si $\chi^2 = \chi_b^2$ y valor 1 si $\chi^2 = 0$. Este índice no es aconsejable, ya que al tener en cuenta los grados de libertad, favorece la adopción de modelos sobre parametrizados: siempre aumenta al añadir parámetros al modelo.

1. 3.6.2. ÍNDICE DE AJUSTE NO NORMADO

El índice de ajuste no ponderado (NNFI) de Tucker y Lewis (1973) no introduce directamente el estadístico χ^2 sino que lo compara con su esperanza, los grados de libertad del modelo base, g_b y del modelo en cuestión, g. Este índice tiene en cuenta la parquedad del modelo. Si el modelo es correcto, la esperanza del índice es aproximadamente igual a la unidad, para cualquier tamaño de muestra. Sin embargo, la cota superior del estadístico no es uno, y valores superiores a éste indican una posible sobre parametrización del modelo. La expresión de este índice es la siguiente:

$$NNFI = \frac{\frac{\chi_b^2}{g_b} - \frac{\chi^2}{g}}{\frac{\chi_b^2}{g_b} - 1}$$

1. 3.6.3. ÍNDICE DE NO CENTRALIDAD RELATIVO

El índice de no centralidad relativo (RNI) también compara los estadísticos con sus esperanzas, y con los grados de libertad de ambos modelos. Además, toma en cuenta la parquedad del modelo: si se añaden parámetros al modelo, el índice sólo aumenta si el estadístico χ^2 disminuye en mayor medida que los grados de libertad. Este índice es aproximadamente igual a la unidad, si el modelo es adecuado, para cualquier tamaño de muestra. En este caso tampoco la cota superior del estadístico es uno, y valores superior a éste indican una posible sobre parametrización del modelo. La expresión de este índice es la siguiente:

$$RNI = \frac{(\chi_b^2 - g_b) - (\chi^2 - g)}{\chi_b^2 - g_b}$$

El índice de ajuste comparativo (CFI) de Bentler (1990) es una modificación del índice de no centralidad relativo, truncado para que no tome valores superiores a uno.

1.3.6.4. ÍNDICES AIC Y CAIC

Los índices AIC (Akaike, 1987) y CAIC (Bozdogan, 1987) también describen la bondad del ajuste, pero no pertenecen a la familia de los índices de ajuste incremental, y además, no están acotados entre 0 y 1. Por esta razón, son de difícil interpretación para un modelo aislado, sin embrago, son especialmente útiles para comparar modelos que se basan en las mismas variables y datos, pero con distinto número de parámetros, ya que tiene en cuenta la parquedad del modelo. Sus expresiones son las siguientes:

$$AIC = \chi^2 - 2g$$

$$CAIC = \chi^2 - g(\ln N + 1)$$

donde *N* es el tamaño de la muestra.

1. 3.6.5. ERROR CUADRÁTICO MEDIO DE APROXIMACIÓN

El error cuadrático medio de aproximación es otro índice que tiene en cuenta la parquedad del modelo. Su base se encuentra en el *error de aproximación*, el cual se define a partir de la comparación entre la matriz de covarianzas poblacional, Σ, y la matriz ajustada, $\Sigma(\pi)$ que se obtendría si el modelo se estimara a partir de Σ en lugar de ***S***. El estadístico χ^2 compara las matrices ***S*** y $\Sigma(\mathbf{p})$ y, por lo tanto, constituye un estimador sesgado del error de aproximación. Este sesgo se reduce calculando el parámetro de no centralidad (NCP) como: $\chi^2 - g$. Si esta diferencia es negativa, se asigna al NCP el valor cero . El error cuadrático medio de aproximación (RMSEA), de Browne y Cudeck (1993) se define de la siguiente forma:

$$RMSEA = \sqrt{\frac{NCP}{Ng}}$$

El RMSEA se interpreta como el error de aproximación medio por grado de libertad. Valores cercanos al 0.05 se consideran como aceptables.

1. 4. MODELO DE ECUACIÓN ESTRUCTURAL (LISREL)

Entre los objetivos del análisis de covarianzas se encuentra la estimación de las relaciones entre las variables especificadas en el diagrama de efectos. Los parámetros estructurales son los elementos que representan estas relaciones. Además el modelo incluye un término de perturbación, ζ en el cual se incluyen los efectos de las variables desconocidas, variables omitidas, los errores de medida y la aleatoridad del proceso. Se asume además que existe una variación en el término de perturbación, ψ, y la covariación entre los términos de perturbación, *i* y *j*, se denota por ψ_{ij}. Además en un modelo con variables latentes es posible estimar los errores de medida de las variables observables. Los errores de medida de las variables exógenas observadas se denominan δ y los errores de las variables endógenas observables por ε. Los símbolos asociados a los parámetros, que representan la relación entre cada par de variables, se resumen en la siguiente tabla (Bisquerra 1989):

desde	hasta	Parámetro	Matriz
ξ	ξ	ϕ	$\mathbf{\Phi}$
ξ	η	γ	$\mathbf{\Gamma}$
η	η	β	$\mathbf{B}$
ξ	X	λ	$\mathbf{\Lambda}$
η	Y	λ	$\mathbf{\Lambda}$
X	X	ϕ	$\mathbf{\Phi}$
X	Y	γ	$\mathbf{\Gamma}$
Y	Y	β	$\mathbf{B}$
ζ	ζ	ψ	$\mathbf{\Psi}$
Errores de medida variables Exógenas observadas		δ	$\mathbf{\Theta}_\delta$
Errores de medida variables Endógenas bservadas		ε	$\mathbf{\Theta}_\varepsilon$

Los términos en este modelo se definen de la siguiente forma:

•η es un vector *m* x 1 de variables latentes dependientes o endógenas.

•ξ es un vector *n* x 1 de variables independientes latentes o exógenas.

•y es un vector *p* x1 de indicadores observados de las variables latentes dependientes η.

•x es un vector *q* x 1 de indicadores observados de las variables independientes latentes ξ.

•ε es un vector p x 1 de errores de medida en y.

•δ es un vector *q* x 1 de errores de medida en x.

•Λ_y es una matriz *p* x *m* de coeficientes de regresión de y en η.

•Λ_x es una matriz *q* x *n* de coeficientes de regresión de x en ξ.

•Γ es una matriz *m* x *n* de coeficientes de las variables ξ en la relación estructural.

•B es una matriz *m* x *m* de coeficientes de las variables η en la relación estructural.

•ζ es un vector *m* x 1 de perturbaciones de las ecuaciones en la relación estructural entre η y ξ.

Cada parámetro lleva dos subíndices, el primero corresponde a la variable efecto y el segundo a la variable causa. El modelo de ecuación estructural general para variables dependientes latentes es:

$$\eta = B\eta + \Gamma\xi + \zeta ,$$

Las ecuaciones estructurales son:

$$\eta_1 = \beta_1\eta_2 + \gamma_2\xi_2 + \gamma_3\xi_3 + \zeta_1$$

$$\eta_2 = \beta_2\eta_1 + \gamma_1\xi_1 + \zeta_2$$

En notación matricial:

$$\begin{pmatrix} \eta_1 \\ \eta_2 \end{pmatrix} = \begin{pmatrix} 0 & \beta_{12} \\ \beta_{21} & 0 \end{pmatrix} \begin{pmatrix} \eta_1 \\ \eta_2 \end{pmatrix} + \begin{pmatrix} 0 & \gamma_2 & \gamma_3 \\ \gamma_1 & 0 & 0 \end{pmatrix} \begin{pmatrix} \xi_1 \\ \xi_2 \\ \xi_3 \end{pmatrix} + \begin{pmatrix} \zeta_1 \\ \xi_2 \end{pmatrix}$$

El modelo de medida para *x*:

$$x = \Lambda_x \xi + \delta$$

En notación matricial:

$$\begin{pmatrix} x_1 \\ x_2 \\ x_3 \\ x_4 \\ x_5 \end{pmatrix} = \begin{pmatrix} \lambda_1 & 0 & 0 \\ \lambda_2 & 0 & 0 \\ 0 & \lambda_3 & 0 \\ 0 & \lambda_4 & 0 \\ 0 & 0 & \lambda_5 \end{pmatrix} \begin{pmatrix} \xi_1 \\ \xi_2 \\ \xi_3 \end{pmatrix} + \begin{pmatrix} \delta_1 \\ \delta_2 \\ \delta_3 \\ \delta_4 \\ \delta_5 \end{pmatrix}$$

El modelo de medida para *y*:

$$y = \Lambda_y \eta + \varepsilon$$

En notación matricial:

$$\begin{pmatrix} y_1 \\ y_2 \\ y_3 \end{pmatrix} = \begin{pmatrix} \lambda_6 & 0 \\ 0 & \lambda_7 \\ 0 & \lambda_8 \end{pmatrix} \begin{pmatrix} \eta_1 \\ \eta_2 \end{pmatrix} + \begin{pmatrix} \varepsilon_1 \\ \varepsilon_2 \\ \varepsilon_3 \end{pmatrix}$$

Las matrices de varianzas-covarianzas de las variables endógenas, las variables exógenas, los errores de medida de las variables endógenas y los errores de medida de las variables exógenas son respectivamente:

$$\mathbf{\Psi} = \begin{pmatrix} \psi_{11} & \psi_{12} \\ \psi_{21} & \psi_{22} \end{pmatrix}$$

$$\mathbf{\Phi} = \begin{pmatrix} \phi_{11} & \phi_{12} & \phi_{13} \\ \phi_{21} & \phi_{22} & \phi_{23} \\ \phi_{31} & \phi_{32} & \phi_{33} \end{pmatrix}$$

$$\mathbf{\Theta}_{\boldsymbol{\varepsilon}} = \begin{pmatrix} \Theta_{\varepsilon_{11}} & 0 & 0 \\ 0 & \Theta_{\varepsilon_{22}} & 0 \\ 0 & 0 & \Theta_{\varepsilon_{33}} \end{pmatrix}$$

$$\mathbf{\Theta}_{\boldsymbol{\delta}} = \begin{pmatrix} \Theta_{\delta_{11}} & 0 & 0 & 0 & 0 \\ 0 & \Theta_{\delta_{22}} & 0 & 0 & 0 \\ 0 & 0 & \Theta_{\delta_{33}} & 0 & 0 \\ 0 & 0 & 0 & \Theta_{\delta_{44}} & 0 \\ 0 & 0 & 0 & 0 & \Theta_{\delta_{55}} \end{pmatrix}$$

Además es necesario tener en cuenta que en el ajuste de los modelos de medida, se asigna el valor 1 al coeficiente de un indicador para cada variable latente. El efecto que esto produce es que las escalas de los constructos latentes tienen la misma unidad de medida que sus indicadores. Para las variables latentes con un solo indicador, se debe actuar como si la variable observada fuera un indicador perfecto de la variable latente, y por lo tanto asignar el valor 0 a ε y/o δ.

CAPITULO 2

APLICACIÓN Y ANÁLISIS DE RESULTADOS

En esta sección se presenta un ejemplo. Se especificarán aspectos importantes del mismo: la muestra de población seleccionada para la investigación, el sistema utilizado para la obtención del material a analizar y la forma en que se prepararon los textos a analizar.

2. 1. MUESTRA DE POBLACIÓN UTILIZADA

Como sujetos de estudio para la investigación se han seleccionado niños videntes y niños ciegos en edad escolar de 7 a 13 años, de ambos sexos. Lo criterios generales de selección de los mismos han sido:

1) Escogerlos al azar en cada clase (desde 1° hasta 7º de EGB), siempre y cuando no tuvieran otra incapacidad relevante, como trastornos neurológicos, sordera o hipoacusia ligera, defectos físicos, alteraciones de conducta, etc. De los niños videntes que han sido objeto de estudio, ninguno sufría retraso escolar.

2) Se ha tratado de coger en la muestra niños ciegos que no sufrieran retraso escolar. Cuando esto no ha sido posible, se ha puesto como tope un retraso máximo de dos años escolares respecto a la edad cronológica. Se ha seguido este criterio por un simple motivo: existen muy pocos niños ciegos, y además, dentro de la literatura sobre investigaciones psicopedagógicas de la ceguera, se destaca que un elevado porcentaje de niños ciegos de nacimiento, sin otro tipo de minusvalías, sufrió un retraso escolar de hasta dos o tres años. Este mismo criterio de tomar la muestra de la población escolar ciega con un retraso igual o menor a dos años, lo han puesto en práctica diversos autores especializados en temáticas sobre ceguera: Norris, Spaulding, Brodie (1957); Parmelee, (1959); Lowenfeld (1963); Hatwell (1966). Se considera que dicho retraso escolar no es motivado por un retraso mental, sino por limitaciones de tipo preceptivo y cognitivo del niño ciego de nacimiento, lo cual hace que adquiera más tardíamente: destrezas básicas de

índole escolar, la noción del número, conceptos y destrezas de carácter manipulativo-espacial o inherentes a la lecto-escritura, etc.

3) Se tomaron datos en 28 niñas con visión (MV), 28 niños con visión (VV), 28 niñas ciegas (MC) y 27 niños ciegos (VC), desde 7 hasta 14 años de edad cronológica, tomando cuatro en cada nivel de edad.

4) Los escolares entrevistados pertenecen todos a colegios de la Provincia de Buenos Aires:

   a) IPAC, Instituto Pro Ayuda al Ciego, calle 1 N° 1776. La Plata. (colegio privado, a 70 Km de Capital Federal).
   b) Escuela N° 504 de Ciegos y Disminuidos Visuales de la ciudad de Gonet, calle 495 entre 14 y 14 bis. Gonet (colegio público, a 50 Km. de Capital Federal).
   c) Escuela N° 504 de Ciegos y Disminuidos Visuales de la ciudad Mar del Plata. Bolívar 3431. Mar del Plata. (colegio público, a 400 km. de Capital Federal).
   d) Escuela N° 2. Diagonal 73 y 16. La Plata. (colegio público, a 70 Km. de Capital Federal).

5) Con la finalidad de homogeneizar la muestra fueron escogidos solamente niños ciegos de nacimiento, o que hubieran quedado ciegos antes de los tres primeros meses de vida. Se ha prescindido de la etiología de la ceguera, considerando predominantemente los aspectos funcionales de la visión descritos.

6) Un aspecto a tener en cuenta es que las muestras provienen de lugares geográficos distantes entre si, y que además, los niños y niñas ciegos estudiaban en régimen de doble escolaridad: un turno integrados en la escuela común y otro en

la escuela para disminuidos visuales. Es de hacer notar que en Argentina, en las escuelas estatales, la jornada escolar se desarrolla o bien durante la mañana o bien durante la tarde, no excediendo de las 4 horas reloj de trabajo. Un muestreo más riguroso, buscando un equivalencia en cuanto al origen geográfico y en cuanto a las condiciones de escolarización por cada niño ciego, hubiera sido deseable, pero prácticamente imposible de realizar.

7) Todos los niños fueron encuestados entre los meses de agosto y septiembre del 2001.

En la Figura 2 .1 se muestran las composiciones de las muestras según la situación laboral del cabeza de familia. En el grupo de escolares ciegos predominan los niños hijos de personas que realizan su trabajo en base a un oficio, 40 %, (carpinteros, plomeros, conductores de taxis y remis, peluqueras, etc), encontrándose también un 29,1% de padres que trabajan en relación de dependencia en el sector privado. En ninguno de los niños ciegos entrevistados se encontró un padre ó madre que fuera profesional, entendiendo por ello a personas con estudios universitarios completos.

Los escolares videntes encuestados pertenecen a una escuela pública de la ciudad de La Plata. En ella predominan los hijos de empleados del sector privado, 37,5 %, con sólo el 21,4 % de personas dedicadas a un oficio y el 17,9 % de profesionales, es decir de padres con estudios universitarios completos. En la Figura 2.2 se presentan los diagramas de barras correspondientes al índice de bienestar familiar de los escolares. Pueden observarse que la mayoría de los escolares videntes provienen de hogares en buena posición económica. Respecto a los niños ciegos, éstos provienen tanto de hogares variados.

Figura 2.1: Situación laboral del cabeza de familia

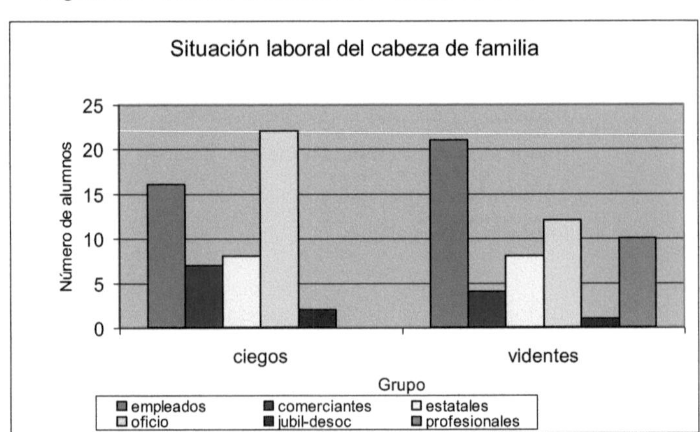

Figura 2. 2: Relación entre el estado de visión y el índice de bienestar familiar

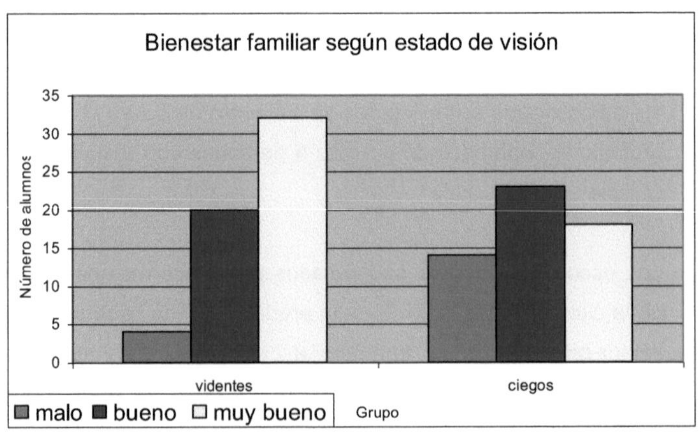

2.2. PRUEBAS PASADAS A LOS ESCOLARES

Cada niño fue encuestado individualmente, siguiendo siempre un mismo orden de aplicación de las pruebas: primero se les aplicó una parte del test de WISC infantil en su parte verbal, pasando inmediatamente después, a las dos pruebas de narración, de las cuales una es de contenido narrativo en su sentido más estricto y la otra es de carácter descriptivo. La elección de estas pruebas se hizo por las siguientes consideraciones:

a) Todas ellas son de contenido eminentemente verbal pudiendo ser realizadas por ambos grupos, ciegos y de videntes, sin mayores complicaciones.

b) Fueron escogidos ambos grupos de tests porque se prestaban a una elaboración verbal común, estando los dos grupos en condiciones semejantes. Se hizo que todos los niños dieran sus respuestas de viva voz. Podría haberse optado por qué los niños mayores hicieran las pruebas colectivamente, respondiendo cada uno por escrito a fin de ahorrar tiempo, sin embargo, esto no se hizo pues la investigación demuestra que entre los niños videntes aparece un estilo del lenguaje distinto, según se utilice un procedimiento de expresión de tipo gráfico o de tipo oral. Además, la escritura en Braile de los ciegos, es mucho más lenta de ejecución, y por efectos de la fatiga los sujetos tienden a redactar menos extensamente. No obstante esto, dos niños ciegos no quisieron realizar los relatos en forma oral, y dada dificultad encontrada para reemplazarlos, se optó por obtener sus narraciones en forma escrita.

c) Con la finalidad de evitar las interferencias producidas por el investigador al tomar nota literaria de lo que dice cada niño, se optó por grabar toda la segunda parte de las pruebas, estando al tanto de este hecho cada uno de los niños entrevistados.

d) Las pruebas de narración se llevaron a cabo en las condiciones , que dentro de la artificialidad de la prueba, resultaran lo más naturales posibles, expresándose cada niño en voz alta y dejándole el tiempo que necesitara para pensar la narración.

e) A fin de prevenir posibles interferencias del vocabulario, a los niños y niñas ciegas se les explicó que la prueba tenía como objeto comparar la capacidad del lenguaje entre los niños y las niñas sin visión. Mientras que a los videntes se les indicó que el motivo de la prueba era estudiar las diferencias entre los lenguajes de los niños y de las niñas, sin más explicaciones. De este modo, sobre todo en los niños con visión, se evitó la posible tendencia a la aparición de temas que tuvieran algún protagonista ciego, o también, la predisposición a utilizar frases hechas con términos visuales (por ejemplo vamos a ver, íbamos a ciegas, etc.)

2.3. PRUEBAS DE RELATOS

Inmediatamente después de terminada la prueba de WISC se pasaba al niño a la prueba de narración de relatos. La consigna utilizada para cada niño, la cual se realizó en la forma coloquial que se utiliza normalmente en Argentina, fue:

> "vamos a jugar a que *contás* una historia inventada por *vos*. En esta historia inventada, *procurá* explicar qué personajes hay, que hacen y dónde están. Además *tratá* de hacerla larga y linda, diciendo que les pasan y que dicen, ¿*entendiste*....?"

Se resolvían las dudas que los niños pudiera tener, y si era necesario se adaptaba la consigna a su nivel de comprensión. Cuando al niño le costaba iniciar la narración, se le animaba diciéndole:

"había una vez...".

Al terminar la historia el niño, se indicaba en todos los casos: "muy bien, ha sido muy linda", si había sido corta, se le agregaba: "pero trata de hacerla más larga", y viceversa. Una vez finalizada esta prueba se pasaba a la descripción.

En esta oportunidad la consigna utilizada para cada niño era:

"Te vas a fijar en un personaje cualquiera de los que había en las historias anteriores ó en algún miembro de tu familia. Vas a explicar cómo es en todos los aspectos para que lo conozcamos perfectamente: cuál es su manera de pensar, e ideales que tiene, como actúa...; es decir describirlo tanto físico como mentalmente".

Si el niño no comprendía las instrucciones se adaptaban estas al propio niño respetando el contenido de las mismas.

2.4. ELABORACIÓN DE LOS DOCUMENTOS LÉXICOS

2.4.1. LÉXICO Y VOCABULARIO

Para Genouvrier, "el léxico es el conjunto de todos los vocablos que están a disposición del locutor en un momento determinado", mientras que "el vocabulario ese conjunto de vocablos efectivamente empleados por el locutor en un acto de habla concreto". Cuando hablamos de léxico nos estamos refiriendo a un concepto "individual" puesto que está formado por palabras (el concepto "palabra", por otra parte es uno de ellos cuyo "estatuto" puede ser más antiguo y más difícil de fijar) que un individuo puede utilizar en su comprensión y expresión.

Lógicamente existe otro número indeterminado de vocablos o palabras que los individuos no han podido aprender y que constituyen el léxico general o léxico global, determinado incluso por las diferencias históricas, frente al léxico individual que no es más que una parte de aquel. Por el contrario, cuando nos referimos al vocabulario estamos considerando la actualización en el tiempo de una serie de vocablos que constituyen la "potencia" del léxico de un individuo. Vocabulario y léxico están en relación inclusión: el vocabulario es siempre una parte de dimensiones variables, según el momento y las necesidades del léxico individual, y éste, a su vez, parte del léxico global.

Esta diferenciación entre léxico y vocabulario es igual a la que hace Saussure entre lengua y palabra, o la que hace Guillaune entre lengua y discurso. En ambas expresiones se recoge el mismo concepto de actualización por parte del vocabulario de las unidades virtuales que son los lexemas que constituyen el léxico. También se emplean los conceptos de "muestra" para el vocabulario y el de "población" para el léxico. Mientras que el vocabulario es cuantitativamente fácil de calcular, en un individuo ó varios individuos, no es tan asequible la determinación del léxico. Es aquí donde estadística léxica encuentra grandes posibilidades, como veremos más adelante .

2.4.2. OBTENCIÓN DE LAS FORMAS GRAMATICALES

Todo lo dicho por los escolares fue grabado y transcripto de manera literal. Todos los textos fueron escritos en minúsculas para evitar que durante el tratamiento informatizado una misma palabra pudiera dar lugar a dos formas gráficas diferentes: escrita con mayúsculas o minúsculas. Se eliminaron los signos de puntuación. Algunas formas instrumentales que pueden desempeñar distintas funciones instrumentales, como por ejemplo, *la*, artículo o pronombre, *que,* conjunción o pronombre, etc, fueron marcadas para su posterior identificación.

Se consideraron dos tipos de verbalismos:

1. **Color**: multicolor, color, claro, oro, oscuro, resplandor morocho, rubio, doradas, plateadas.
2. **Orientación visual**: mirar, observar, visión, ver, mirada, ojear, divisar.

Se realizó, en forma manual, un inventario de todas las palabras de los textos y se procedió a clasificarlas según a la forma gramatical a la cual pertenecían. El cómputo de las frecuencias para todas las categorías gramaticales se realizó utilizando el paquete estadístico SAS, en el Departamento de Matemáticas de la Universidad Jaume I de Castellón

2.4.3. OBTENCIÓN DE LOS LEMAS

Los ajustes de las curvas de distribución se realizaron sobre datos provenientes de las formas gráficas, como así también sobre los obtenidos previa lematización. Los lemas fueron obtenidos de forma manual siguiendo las siguientes reglas:

1) *Verbos*: en infinitivo
2) *Sustantivos y adjetivos*: en singular y femenino
3) *Artículos*: singular, femenino, determinado

4) Palabras con significados similares agrupadas en igual categoría, es decir algunas palabras como la que se listan abajo, fueron reemplazadas por una de ellas:
    a. *Chica*: muchacha, pibe, nena, niño, nenita.
    b. *Alegre*: contenta.
    c. *Hermosa*: linda, guapa, bella.
    d. *Comenzar*: empezar.
    e. *Papá*: pa, padre, viejo, papi.
    f. *Mamá* : madre, mami, ma, vieja
    g. *Dinero*: plata, pesos, patacones, guita

2.4.4. VARIABLES UTILIZADAS

Para el tratamiento estadístico se codificaron las categorías de la variable *forma gramatical*, colocadas como columnas de la matriz de datos, con las siguientes notaciones:

ABIERTAS Palabras de clase abierta (con contenido) 1	ADJ	adjetivos
	ADV	adverbios
	VERB	verbos
	VIS	verbos de orientación visual
	SUST	sustantivos
	PROP	nombres propios
CERRADAS Palabras de clase cerrada (instrumentales) 2	ART	artículos
	COL	adjetivos referidos a colores
	COJ	conjunciones
	DAT	dativos
	PRE	preposiciones
	PRON	pronombres

En la Tabla 2.1. se muestran los cuartiles para las variables utilizadas en los análisis.

Tabla 2.1: Cuartiles para las variables utilizadas en los análisis.

Cuartil	adj	adv	pron	prop	sust	verb	vis	col	art	coj	dat	pre	long	Abi	Cer	VB
primero	4	5	13	0	19	21,5	0	0	10	8,5	3	9	103	68	33	0
segundo	8	9	20	2	29	31	0	0	15	12	6	16	150	96	49	1
tercero	14	16	34	5	42	53	1	0	21	18	10	27	228	160	72	2
cuarto	47	60	145	80	190	330	6	8	75	84	56	128	1173	842	331	13

Además se utilizó la categorización en VERBA, palabras que indican verbalismo: VIS y COL, y la notación NO VERBA para el resto de las palabras.

Se codificaron las categorías de la variable <u>*capacidad visual*</u>, colocadas como filas de la matriz de datos, con las siguientes notaciones:

VIDENTES (1)	escolares sin discapacidad visual
CIEGOS (2)	escolares ciegos de nacimiento

Además de las anteriores variables, se utilizaron las siguientes variables con sus correspondientes categorías:

VARIABLES							
Capacidad visual	Vidente 1	Ciego 2					
Sexo	Mujer 1	Varón 2					
Edad	7 años 1	8 años 2	9 años 3	10 años 4	11años 5	12 años 6	13 años 7
Longitud del texto	Largo (más de 150 palabras)	Corto (menos de 150 palabras)					
Capacidad intelectual	Bajo 1	Alto 2					
Trabajo del cabeza de familia	Empleado 4	Comerciante 3	Estatal 2	Oficio 5	Pasivo 6	Profesional 1	
Lugar de procedencia	La Plata Centro 1	La Plata Barrio 2	Mar del Plata Centro 3	Mar del Plata Barrio 4			

A cada niño se le asignó una puntuación derivada de la prueba Wisc. Para cada edad se calcularon la media y la desviación estándar de las puntuaciones, las que se muestran en la Tabla 2. 2.

Tabla 2. 2: Medias y desviaciones estándar de las puntuaciones derivadas de la prueba de Wisc

	7 años	8 años	9 años	10 años	11 años	12 años	13 años
media	12.5	13.2	14.7	16.8	19.1	17.9	20
desvío	1.5	3.6	2.1	3.5	3.3	3.7	4.0

Las puntuaciones obtenidas por cada alumno se estandarizaron, y cada índice de coeficiente intelectual se obtuvo mediante la fórmula:

$$CI = 100 + 15\,z$$

siendo z la puntuación estandarizada. Luego, según ésta puntuación sobrepasara ó no el promedio de los escolares de su misma edad, es decir 100, se les adjudicó un valor de capacidad intelectual, CI, bajo (1) ó alto (2). .A cada niño entrevistado se le preguntó sobre la cantidad de hermanos que tenía y la cantidad de dormitorios que había en su casa. Con estos datos se calculó el *índice de bienestar familiar*, IB:

$$IB = \frac{número\ de\ hermanos}{número\ de\ dormitorios + 1}$$

En base a los cuartiles de esta variable, se categorizó a la misma en:

Alto	Medio	Bajo
$0<IB\leq 0.5$	$0.5<IB\leq 1$	$IB>1$

Para cada escolar se tomaron los datos sobre el lugar de su procedencia, clasificando luego a las localidades cercanas a las ciudades importantes como Mar del Plata y La Plata, en la forma de: La Plata barrio ó Mar del Plata barrio, utilizándose la notación Mar del Plata centro y La Plata centro, para indicar que los niños vivían en esas ciudades.

Respecto al trabajo desempeñado por la cabeza de familia se consideraron como *estatales* todas aquellas personas que trabajaran en relación de dependencia con alguna entidad del Estado, ya sea ésta nacional ó provincial. Así, por ejemplo, esta categoría incluye a: policías, docentes, judiciales, municipales. Dentro de la categoría *oficio* se incluyeron las personas cuyo sustento económico se basa en el ejercicio de una actividad, ya sea por cuenta propia como ajena, de índole puramente manual y que no requiere estudios universitarios, como, por ejemplo: peluquera, panadera, albañil, carpintero, plomero, etc. Se han diferenciado estas personas del grupo incluido en la categoría *empleados*, debido al hecho que en general, en Argentina, quienes se desempeñan en actividades de esta índole, lo hacen generalmente por cuenta propia y sólo en forma esporádica y por cortos períodos, por cuenta ajena y por lo tanto su situación económica es menos estable.

Se incluyó la categoría *profesionales,* que incluye: arquitectos, ingenieros, biólogos, abogados, etc., ya que ella incluye a quienes poseen estudios universitarios completos, lo cual es buen índice para establecer el estrato social al cual pertenecen, dado que en general los estudios universitarios los completan las personas pertenecientes a las clases sociales menos desfavorecidas de la Argentina.

Se agruparon en la categoría pasivos a quienes no poseen trabajo, y a las pobres personas que dependen de una pensión ó jubilación para su sustento , ya que el monto de tales pensiones y jubilaciones en Argentina son irrisorias, y por lo tanto pueden considerarse como inexistentes.

Para cada texto se calculó la entropía H utilizando la siguiente expresión:

$$H = -\sum_{i=1}^{n} p_i \ ln \ p_i$$

donde p_i es la probabilidad de ocurrencia de una palabra en el texto.

2. 5. RESULTADOS

En este apartado se ajustan modelos que incorporan variables latentes. Estos modelos son una síntesis de los modelos de ecuaciones simultáneas con variables observables y de los modelos de análisis factorial, pero con la particularidad de que son un sistema confirmatorio de relaciones que se han hipotetizado previamente. Para realizar los análisis estadísticos se supone que las variables observables (categóricas y no categóricas) son indicadoras de variables latentes no observables.

Se realiza un análisis factorial confirmatorio, para lo cual se especifican: qué items definen cada factor, el número de factores de cada solución, la relación existente entre ellos, y un error de medida asociado a cada item. Además, con el objeto de hacer identificable el factor, se fijó la varianza de los factores a uno, estableciéndose con ello también la escala de medida.

Se define un modelo, Verbalismo Narración-Descripción, cuyo diagrama de efectos se presentan en las Figuras 3.1 y en el cual asumen los siguientes supuestos substantivos:

2.5.1. MODELO VERBALISMO NARRACIÓN-DESCRIPCIÓN

1.1. Existe una *variable latente para verbalismo en la narración* (factor F6)

1.1.1. Son indicadores del verbalismo en la narración:

a) Número de palabras, en la narración, que señalan colores, como así también las que se refieren a tonalidades del pelo (morocho, rubio, etc.) y las que hacen alusión a intensidades de la luz (claro, brillante, oscuro, etc.), (V18: verbalismo para los colores en la narración).

b) Número de palabras, en la narración, que hacen referencia al sentido de la visión, como por ejemplo los verbos: mirar, ver, en cualquiera de sus tiempos, así como sus sustantivos: mirada ó visión, (V17: verbalismo de orientación visual en la narración).

1.2. Existe una *variable latente para verbalismo en la descripción*, (factor F7).

1.2.1. Son indicadores del verbalismo en la descripción:

a) Número de palabras, en la descripción, que señalan colores, como así también las que se refieren a tonalidades del pelo (morocho, rubio, etc.) y las que hacen alusión a intensidades de la luz (claro, brillante, oscuro, etc.), (V34: verbalismo para los colores en la descripción).

b) Número de palabras, en la descripción, que hacen referencia al sentido de la visión, como por ejemplo los verbos: mirar, ver, en cualquiera de sus tiempos, así como sus sustantivos: mirada ó visón, (V33: verbalismo de orientación visual en la descripción)

1.3. Existe una *variable latente para la situación socio-sanitaria del escolar*, *(factor F2)*.

1.3.1. Son indicadores de la posición social del escolar las siguientes variables:

a) Grupo al que pertenece: ciegos ó videntes, (V8). En general, en las muestras obtenidas en esta investigación, el hecho de ser ciego de nacimiento se asocia con la pertenencia a determinada clase social,

b) Índice de bienestar familiar, con las categorías alto, medio y bajo, correspondiendo el valor cero al mayor bienestar familiar, *(V4)* .

c) Trabajo del cabeza de familia, (V6).

d) Lugar de residencia del escolar, (V7).

1.4. Las variables latentes F6 y F7 están influidas por la variable latente situación social (factor F2), por la edad (V10), el sexo (V9) y el estado de visión (V8) del escolar.

Las hipótesis concretas que se someten a prueba con este modelo, ilustradas en la Figura 3.1, son las siguientes:

H_{01}) Existe una variable latente *verbalismo en la narración* (*F6*) que produce el verbalismo de orientación visual para la narración (*V17*) y el verbalismo de color para la narración (*V18*).

H_{02}) Hay una variable latente *verbalismo en la descripción* (*F7*) que produce el verbalismo de orientación visual para la descripción (*V33*) y el verbalismo de color para la descripción (*V34*).

H_{03}) Las variables latentes *F6* y *F7* están influidas por las variables edad (*V10*), sexo *(V9)* , estado de visión *(V8)* y la variable latente *F2.*

Además, se ha establecido una hipótesis adicional de covarianza entre los errores de los factores F6 y F7. Como puede comprobarse, las variables independientes del modelo son el sexo, el estado de visión y la edad (*V10, V9* y *V8*), mientras las variables dependientes son las variables medidas sobre el verbalismo (*V17, V18, V33* y *V34*), y las variables latentes *F6* y *F7* cumplirían la función de variables intermediarias del sistema.

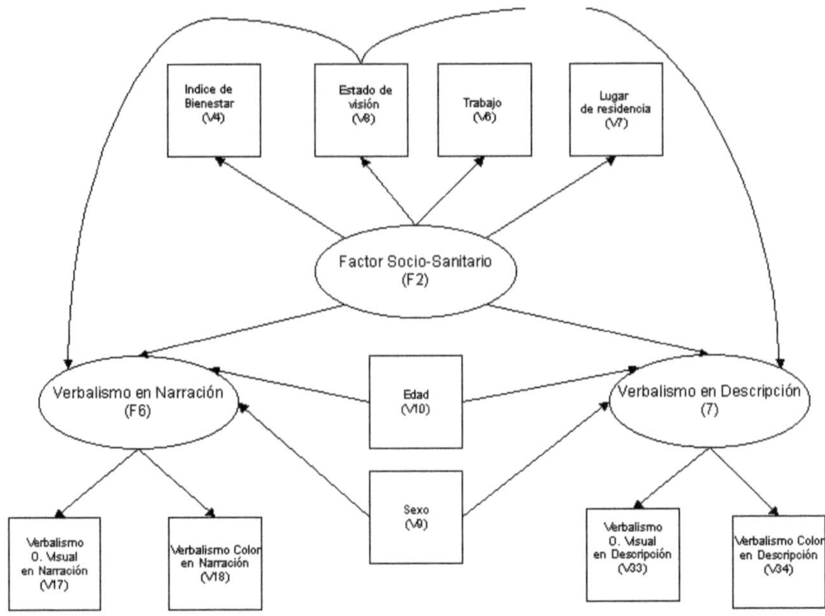

Figura 3.1: Modelo de efectos planteado en las hipótesis

2.5. 2 RESULTADOS MODELO NARRACIÓN-DESCRIPCIÓN

Los datos obtenidos se han analizado mediante el programa EQS5 de análisis de ecuaciones estructurales, que consisten en múltiples ecuaciones con variables latentes (Bentler, 1995). Debido a la no-normalidad de varias variables, se ha llevado a cabo el análisis mediante el sistema 'robusto', que pondera cada caso en función de su desviación respecto a la distribución multinormal de la muestra (Satorra & Bentler, 1994).

Una manera de sintetizar los residuos estandarizados es calcular la raíz del residuo estandarizado cuadrático medio, que para este modelo es 0.033 valor que por encontrarse por debajo de 0.05, se puede considerar aceptable.

Sin embargo este estadístico no penaliza a los modelos poco parcos. El estadístico Ji-cuadrado es la herramienta por excelencia para realizar una prueba de significación para un diagnóstico global del modelo, pero debido que a que la potencia de esta prueba puede verse afectada por el tamaño de la muestra y la falta de normalidad, es aconsejable observar los valores de otros índices de la bondad del ajuste, también de tipo global, pero descriptivos, que no dependen tanto de la muestra.

En la Tabla 2.1 se presentan: los estadísticos Ji-cuadrado, los índices AIC y CAIC para el modelo base, (modelo de independencia, es decir el modelo que no restringe en modo alguno las varianzas de las variables, pero que asume que todas sus covarianzas son cero), y para el modelo Narración-Descripción.

Tabla 2.1: Ajuste global del modelo Narración- Descripción

Modelo	Ji-cuadrado	Gr. libertad	Probab.	AIC	CAIC
Base	105.23	36		18.14	-148.78
Narr-Desc.	23.51	28	0.70	-32.49	-136.35

De la Tabla 2.1 surge que este modelo presenta un ajuste global aceptable, ya que al 1% no se rechaza la hipótesis nula de no diferencia entre el modelo ajustado y el modelo base. No obstante esto, dado que los datos presentan cierto alejamiento de la distribución normal, es más aconsejable el uso de un estadístico robusto al incumplimiento de este supuesto, como lo es la chi-cuadrado escalada de Satorra, que para este caso conduce a un valor de 22.99 con una probabilidad asociada de 0.073, la cual nuevamente conduce a la aceptación del modelo Narración-Descripción. Además con este modelo se obtienen un valor de AIC inferior al correspondiente al modelo base, lo cual es también evidencia de un buen ajuste global del modelo postulado.

Se calcularon los siguientes índices de ajuste incremental, todos los cuales presentan valores próximos ó superiores al valor exigido (0.95) para un buen ajuste

1. Índice de ajuste normado de Bentler-Bonett = 0.783
2. Índice de ajuste no normado de Bentler-Bonett = 1.114
3. Índice de ajuste comparado (CFI) = 1.00
4. Índice de ajuste comparado robusto = 1.00

Comprobado el ajuste global del modelo es necesario examinar las estimaciones de los parámetros, de los residuos, determinados contrastes y determinados estadísticos, para detectar problemas que hayan pasado desapercibidos en diagnóstico global, y así introducir posibles modificaciones del modelo para mejorar su ajuste.

El examen de los errores estándar de las estimaciones de los parámetros, y de los residuales no revela la existencia de anomalías. Sin embargo el modelo es mejorable. Observando las pruebas de Wald (versión robusta) se detecta que las estimaciones de los coeficientes asociados a los parámetros de las variables estado de visión (*V8*) y sexo (*v9*) no arrojan valores estadísticamente significativos.

El estadístico de contraste de esta prueba, llamado estadístico *t* se calcula simplemente como el cociente entre la estimación puntual y el error de estimación. Bajo la hipótesis nula que el valor del parámetro es cero en la población, dicho estadístico *t* sigue una distribución asintótica normal estandarizada, considerándose valores superiores a 2 significativos al 5%.

Asimismo el cuadrado del estadístico *t* constituye una aproximación del incremento que experimentaría el estadístico χ^2 del modelo al eliminar dicho parámetro. Así parámetros no significativos son susceptibles de ser eliminados del modelo, sobretodo si su interpretación teórica es débil. Pero como las demás pruebas, la *t,* es sensible a situaciones con un exceso de potencia, lo que hace también posible la eliminación de parámetros poco interpretables cuya estimación estandarizada sea despreciable, por muy significativos que sean estadísticamente.

Con la finalidad de ajustar un modelo más parsimonioso, con buen ajuste global, y con valores del estadístico *t* de cada coeficiente también estadísticamente significativos, se realiza un nuevo análisis. En éste se consideran solamente la variable *edad (V10)* y la variable latente *F2* (*factor socio-sanitario*) como unas únicas variables independientes de las variables latentes verbalismo en la narración *(F6)* y verbalismo en la descripción *(F7).*

En la Tabla 2.2 se presentan los estadísticos Ji-cuadrado, los índices AIC y CAIC para el modelo base, y el nuevo modelo.

Tabla 2. 2: Ajuste global nuevo modelo Narración- Descripción

Modelo	χ^2	Gr. libertad	Probab.	AIC	CAIC
Base	105.23	36		33.23	-100.30
Narración-Descripción 1	23.20	23	0.448	-22.79	-108.11

De la Tabla 2.2 surge que este modelo presenta ajuste global aceptables ya que al 1% no se rechaza las hipótesis nula de no diferencia entre el modelo ajustado y el modelo base. El estadístico Ji-cuadrado escalado de Satorra, conduce a un valor de 21.73 con una probabilidad asociada de 0.53. Los valores de AIC y CAIC, para el nuevos modelo, son inferiores a los correspondientes al modelo base, y al modelo Narración-Descripción ajustado anteriormente, lo cual evidencia que el nuevo modelo presenta una mejora en el ajuste, respecto al primer modelo postulado.

Los índices de ajuste incremental obtenidos para el nuevo modelo y ajustado anteriormente, presentados en la Tabla 2.3, son muy similares, e indican un buen ajuste.

Tabla 2.3: Índices de ajuste incremental para los modelos Narración-descripción

Índice de ajuste	Modelo 1	Modelo 2
Normado Bentler-Bonett	0.783	0.78
No normado de Bentler-Bonett	1.11	0.99
Comparado (CFI)	1.00	0.99
Comparado robusto	1.00	1.00

El examen de los errores estándar de las estimaciones de los parámetros, y de los residuales no revela la existencia de anomalías. Utilizando la prueba de Wald, (versión robusta) se detecta que las estimaciones de los coeficientes asociados a los parámetros de la variable edad *(V10)* son estadísticamente significativos.

El sistema de ecuaciones estructurales obtenido para el modelo ajustado se presenta en la Tabla 2.4, y se ilustran en la Figura 2.2.

Tabla 2. 4: Ecuaciones Estructurales Modelo Narración-Descripción

Ecuaciones Estructurales Modelo Narración-Descripción	R^2
IIB =V4 = .434 F2 + .901 E4	0.188
T =V6 = -.311*F2 + .950 E6	0.097
LUG =V7 = .521*F2 + .853 E7	0.272
GRU =V8 = -.825*F2 + .565 E8	0.681
VIS =V17 = .789 F6 + .614 E17	0.623
COL =V18 = .388*F6 + .921 E18	0.151
VIS2 =V33 = .044*F7 + .999 E33	0.002
COL2 =V34 = .386 F7 + .923 E34	0.149
F6 =F6 = .265*V10 + .357*F2 + .896 D6	0.198
F7 =F7 = .446*V10 + .895*F2 + .000 D7	1.000

2. 6. CONCLUSIONES

Existe un efecto positivo y significativo de la edad sobre el verbalismo de los niños (independientemente de su sexo o de su estado visual), indicando que hay una tendencia significativa a utilizar más términos visuales a medida que aumenta la edad del niño.

La conclusión más importante a que se llega que existe una asociación entre la clase social menos favorecida y los niños ciegos. Ya que el factor socio-sanitario es importante sobre la frecuencia de uso de palabras indicadoras de verbalismo, habría que concluir afirmando que el lenguaje del ambos niños (ciegos o con visión) no sería semejante. Sin embargo las causas de esta diferencia en la forma de uso del lenguaje no se encontraría en el grado de visión del escolar, sino más bien en la condición social de éste.

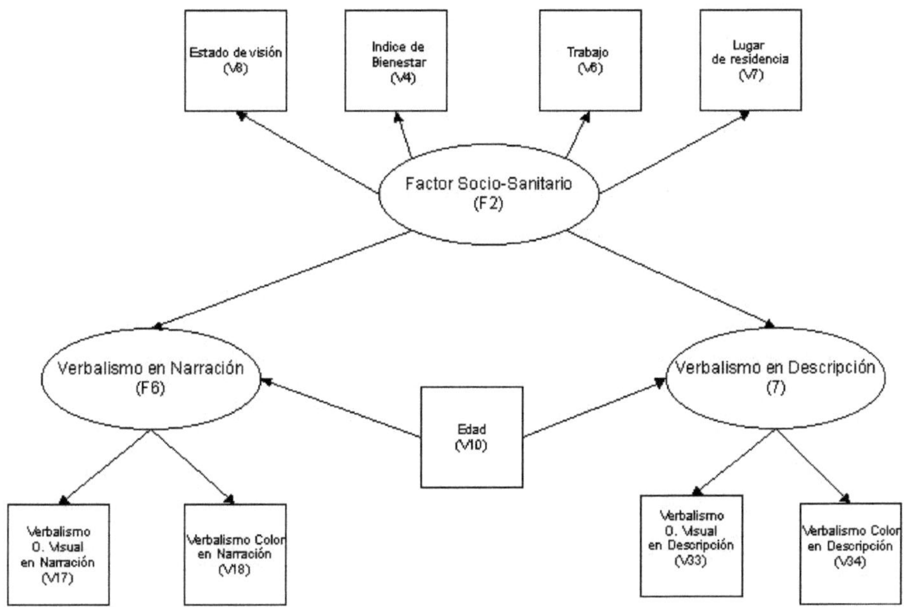

Resultados del modelo una vez quitadas las variables cuyos efectos no son significativos

BIBLIOGRAFÍA

Aitchison, J. (1987). *Words in in the mind: An introduction to the mental lexicon.* Oxoford: Basil Blackwell.

Aitkin, M., Anderson, D., Francis, B. y Hinde, J. (1989). *Statistical Modelling in GLIM*. Oxorfd, UK: Clarendon Press.

Akaike, H. (1987) Factor analysis and AIC. *Psychonometrika*, 52, 317-332.

Arminger, G., Clogg, C.C. y Sobel, M.E. eds. (1995). *Handbook of Statistical Modelling for the Social and Behavioral Sciences*. Nueva York, NY: Plenun.

Ato, M. (1995c). Análisis estadístico II: Diseños con variable de asignación conocida. En M.T. Anguera, J. Arnau, M. Ato, J. Pascual, M.R. Martínez y G. Vallejo: *Métodos de Investigación en Psicología*, pp. 45-70. Madrid: Síntesis.

Ato, M. y López, J.J. (1996). *Análisis Estadístico para Datos Categóricos*. Madrid: Síntesis.

Batista, J. M. and Coenders, G. G. (2000). *Modelos de ecuaciones estructurales*. Ed. La Muralla. Madrid.

Bécue, M. (1992). SPAD.T. Un outil pour l'analyse qualitative des dones textuelles, en Bécue, M., Lebart, L. Y Rajadell, N., *Jornades Internacionals d'Análisi de dades textuals*. Barcelona, Servicio de Publicaciones de la Up, pp 28-37.

Becue, M. (1993). Les quasi-segmentes pour une classification automatique des responses ouvertes. Secondes *Journées Internationales d' Analyse Statisque des dones textuelles*. Montpellier.

Bentler, P. M. (1990). Comparative fit indexes in structural models. *Psychological Bulletin*, 107, 238-246.

Bentler, P. M. and Bonnet, D. G. (1980). Significance test and goodeness of fit in the analysis of covariance structures. *Psychological Bulletin*, 88, 588-606.

Bernstein, B. (1961). Social class and linguistic development. A theory of social learning. In : *Education, Economy and Society*. Eds: Halsey, A. H., Floud, J. and Anderson, C. A. New Port, Free Press.

Bollen, K. A. (1989). *Structural Equations with Latent Variables*. New York: John Wiley and Sons, Inc.

Bollen, K. A. and Long, J. S. (1993). *Testing structural equation models*. Thousand Oaks: Sage.

Bozdogan, H. (1987). Model selection and Akaike's information criteria (AIC), Psycometrika, 52, 345-370.

Bradley, D.C. (1983). *Computational distinctions Of vocabulary types. Bloomington*, In: Indiana University Linguistic Club.

Burlingham, D. (1964). Some problems of ego development in blind children, *Psychoanalytic study of the child*, 20, 194-208.

Chebanov, S.G. (1947). Sobre la confirmidad del tipo de estructura de las lenguas indoeropeas a la ley de Poisson. *Academia Nank SSR Doklady*, 55, 2, pp 103-109.

Cook, T. H. (1970). *Uso de los conceptos visuales en los niños ciegos y videntes*. Traducción interna de la biblioteca de cultura de la ONCE. Madrid.

Cutsforth, T. D. (1932). The unreality of words to the blind. *Teachers Forum*, vol 4, pp 86-89.

Duncan, O. D. (1975). *Introduction to structural equations models*. New York: Academic Press.

Erwin, S. M. (1957). Grammar and classification. Paper presentad at *American Psyhological Association annual meeting*, New York.

Etxeberría, J., García, E. Gil, J. y Rodríguez, G. (1995). *Análisis de datos y textos*. RA-MA. Madrid.

Mc Ginnis, A. R. (1981). Functional linguistic strategies of blind children. *Journal of visual Impairment and blindness*, vol 765, N 5, pp 210-214.

Muller, C.H. (1973). *Estadística textual*. Gredos.

Piaget, J. (1976). *El lenguaje y el pensamiento en el niño*. Guadalupe. Buenos Aires.

Vigotski, L.S. (1964). *Pensamiento y lenguaje*. Lautaro. Buenos Aires.

Printed by Books on Demand GmbH, Norderstedt / Germany